1 とけいで じかんが わかる

じかんを おしえてくれる とけいには、
いろんな かたちが あるよ。

できたよ
シールを
はりましょう。

2 へやに ある おきどけい

おきどけいを ふたつさがして
ひとつにシール(しーる)を はりましょう。

できたよ
シール(しーる)を
はりましょう。

いまなんじ？ とけい シール

できたよシール
がくしゅうが おわったら、ページごとに はりましょう。

あまった シールは いろいろな ところに はって あそんでね。

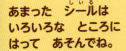

2ページでつかいます

3ページでつかいます

5ページでつかいます

9ページでつかいます

26ページでつかいます

27ページでつかいます

28ページでつかいます

29ページでつかいます

30ページでつかいます

31ページでつかいます

3 へやに ある かけどけい

かけどけいを さがして シールを はりましょう。

4 いろいろな とけい

とけいを さがして まるで かこみましょう。

6 ながい はりと みじかい はり

ながい はりが さしている すうじを
まるで かこみましょう。

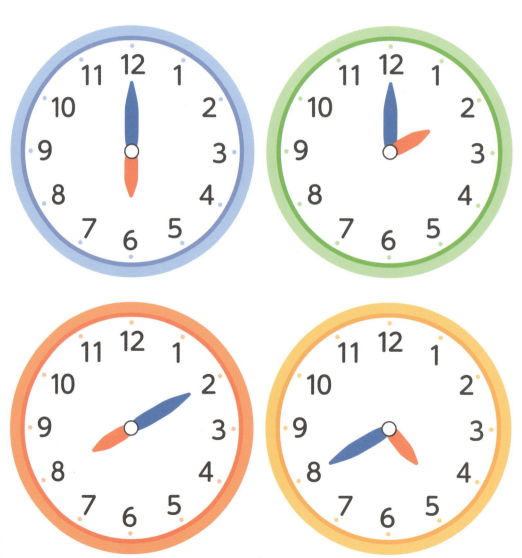

7 ながい はりと みじかい はり

みじかい はりが さしている すうじを
まるで かこみましょう。

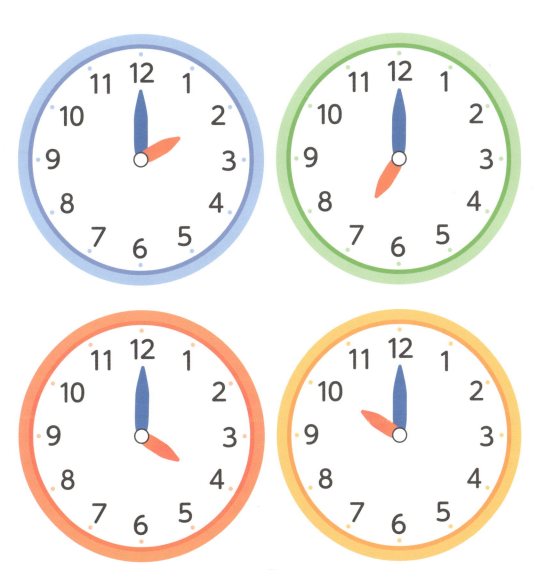

8 すうじの ちがい

とけいの すうじを みくらべて みましょう。
よくみると すこし かたちが ちがうね。

とけいには いつもみる すうじと
すこし かたちが ちがう
デジタルすうじが つかわれている
こともあるよ。

デジタルすうじ

1 2
1 2

3 4 5 6 7
3 4 5 6 7

8 9 0
8 9 0

9 ぬけている すうじは どれ？

したの とけいで ぬけている すうじに シールを はって、とけいを かんせいさせましょう。

10 ぬけている すうじを かこう

したの とけいで ぬけている すうじを
かいて、とけいを かんせい させましょう。

11 いま なんじ？

したの とけいを みて みぎに なんじか
かきましょう。

12 いま なんじ？

したの とけいを みて みぎに なんじか かきましょう。

13 いま なんじ？

したの とけいを みて みぎに なんじか かきましょう。

14 30ぷん と はん

30ぷんの ことは 「はん」とも いうよ。
おなじ いみだよ。

10じ30ぷん
10じはん

3じ30ぷん
3じはん

15 いま なんじ？

したの とけいを みて みぎに なんじか かきましょう。

できたよ
シールを
はりましょう。

16 いま なんじ？

したの とけいを みて みぎに なんじか かきましょう。

17 いま なんじ？

したの とけいを みて みぎに なんじか かきましょう。

18 いま なんじ？

したの とけいを みて みぎに なんじか
かきましょう。

19 いま なんじ？

したの とけいを みて みぎに なんじか かきましょう。

20 おなじ じかんを つなごう

したの とけいの じかんと おなじじかんを せんで つなぎましょう。

7:00　　9:00　　12:00

21 おなじ じかんを つなごう

したの とけいの じかんと おなじじかんを
せんで つなぎましょう。

9:00　6:00　2:00

おなじ じかんを つなごう

したの とけいの じかんと おなじじかんを
せんで つなぎましょう。

おなじ じかんを つなごう

したの とけいの じかんと おなじじかんを
せんで つなぎましょう。

24 おなじ じかんを つなごう

したの とけいの じかんと おなじじかんを せんで つなぎましょう。

25 おなじ じかんを つなごう

したの とけいの じかんと おなじじかんを
せんで つなぎましょう。

26 このじかんは どれかな？

えに あうじかんは どれでしょう。
せんで つないで シールを はりましょう。

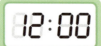

27 このじかんは どれかな？

えに あうじかんは どれでしょう。
せんで つないで シールを はりましょう。

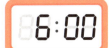

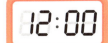

28 このじかんは どれかな？

えに あうじかんは どれでしょう。
せんで つないで シールを はりましょう。

29 このじかんは どれかな？

えに あうじかんは どれでしょう。
せんで つないで シールを はりましょう。

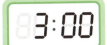

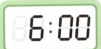

30 このじかんは どれかな？

えに あうじかんは どれでしょう。
せんで つないで シールを はりましょう。

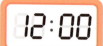

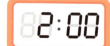

31 このじかんは どれかな？

えに あうじかんは どれでしょう。
せんで つないで シールを はりましょう。

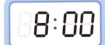

32 いちにちに おなじ じかんが ふたつ

したの えのように いちにちには おなじ じかんが ふたつあります。

ひるまの 3じは
おやつの じかん。

よなかの 3じは
ねている じかん。